SOCIÉTÉ D'AGRICULTURE, SCIENCES & ARTS DE LA HAUTE-SAONE.

(Séance du 13 mars 1879.)

LES TARIFS DOUANIERS

ET L'AGRICULTURE.

RAPPORT DE LA COMMISSION.

VESOUL,

TYPOGRAPHIE DE A. SUCHAUX.

1879.

SOCIÉTÉ D'AGRICULTURE, SCIENCES & ARTS DE LA HAUTE-SAONE.

(Séance du 13 mars 1879.)

LES TARIFS DOUANIERS

ET L'AGRICULTURE.

RAPPORT DE LA COMMISSION.

VESOUL,

TYPOGRAPHIE DE A. SUCHAUX.

—

1879.

LES TARIFS DOUANIERS ET L'AGRICULTURE.

RAPPORT DE LA COMMISSION.

Dans votre séance du 27 février, vous avez chargé une commission d'étudier d'urgence, et avec l'attention qu'elle mérite, la grosse question des tarifs douaniers appliqués aux produits de l'agriculture. Vous avez fixé un délai de quinze jours pour cette étude, et assigné une séance extraordinaire à laquelle devaient être invités à prendre part les présidents et les délégués des neuf comices du département. Il s'agissait donc, pour vos commissaires, de se mettre promptement et résolûment à la besogne, afin d'être prêts à se présenter au jour indiqué avec une série de propositions motivées et de nature à pouvoir servir de base à un débat éclairé.

C'est ce qu'ils ont tenté de faire, je puis vous l'affirmer, avec le désir ardent de fournir à l'assemblée les éléments de résolutions réfléchies, en rapport avec sa haute mission et les intérêts de premier ordre qu'elle a pour objet de soutenir.

La commission m'a chargé du soin de vous rendre compte de son travail. Il s'agissait d'un devoir que j'ai accepté malgré les difficultés nombreuses qu'il présentait, et dont je vais tâcher de m'acquitter aussi brièvement que possible, afin de laisser à la discussion une plus large part de la séance.

En entrant en fonctions, la commission était nantie des documents que la publicité avait répandus dans toutes les

directions, et qui, dans le concert à peu près unanime des
vœux formés par les associations agricoles de la France,
semblaient former la note dominante : je veux parler des
vœux de la Société des Agriculteurs de France, de ceux de
la Société centrale de la Seine-Inférieure, de la Société
d'agriculture du Gard, du Comice de Lille, du Comice de
Reims, et d'un certain nombre de feuilles périodiques consacrées aux intérêts de l'agriculture ou qui recoivent les
communications des publicistes agricoles les plus distingués.

Cependant, malgré ces précédents, préparés avec une
irrécusable autorité dans le sens de la protection douanière,
votre commission a vu, dès le premier abord du terrain à
explorer, surgir devant elle, de tous les points, des questions,
sinon nouvelles, du moins ayant une importance qui semblait
grandir sous l'étude : constitution civile de la propriété
rurale, divisibilité de la terre, tarif des salaires, travail à la
machine, enseignement primaire, enseignement agricole,
crédit agricole, industrie agricole, producteur, consommateur, droits et devoirs réciproques entre les nations, droits
et devoirs de l'Etat à l'égard du travailleur et du consommateur, droits et devoirs de ces derniers à l'égard l'un de
l'autre, la connexité indéniable de la production et de la
consommation, la solidarité de toutes les industries, sans
distinction, d'un même pays, l'importance primordiale du
marché national pour la nation elle-même, etc. La négli-
gence de la moindre de ces questions pouvait produire dans
la solution des problèmes économiques inhérents à l'industrie
agricole, des lacunes ou des incorrections et ouvrir la porte
à de sérieuses objections.

C'est le danger que la commission a immédiatement saisi
et qu'elle s'est efforcée d'écarter, en tenant compte de tous
les éléments qui composent le mécanisme de l'économie
agricole, et en s'efforçant d'apprécier l'importance de leur
action. Mais comme il lui était impossible, dans le court

espace de temps qui lui était assigné, de donner à chacun d'eux, dans un compte-rendu nécessairement sommaire, le développement qu'il comportait, elle a dû se borner à condenser ses observations et à les présenter sous la forme de considérants invoqués à l'appui de résolutions, ou plutôt de conclusions que la Société discutera, et qu'elle adoptera ou rejettera selon qu'elle les trouvera bien ou mal fondées.

Je vais vous exposer d'abord les considérants, puis les conclusions. Vous les reprendrez l'un après l'autre, en sorte qu'après le vote de l'assemblée, il suffira que le procès-verbal de la séance porte ces mots : *adopté* ou *rejeté*, ou bien ceux-ci : *amendé dans les termes ci-après.*

CONSIDÉRANTS.

Considérations générales communes à toutes les industries.

1° La production et la consommation intérieure d'un pays comme la France constituent à l'industrie agricole, aussi bien qu'à toute autre industrie, une base d'action et de développement qui ne pourrait être amoindrie sans de graves inconvénients, attendu que, sur le terrain national, la production et la consommation ont pour agents une population de 36 millions habitants, n'ayant dans l'expansion de leurs forces que les limites qu'il leur convient de s'imposer, ou qui naissent de leur condition sociale, ou enfin qui tiennent à des circonstances indépendantes de leur volonté.

2° Il est donc dé la plus grande importance de conserver ce marché à ceux qui l'occupent, et de ne le rendre accessible aux producteurs étrangers que dans la mesure qui peut être favorable à la production indigène, ou tout au moins ne pas lui nuire.

3° Comme garantie de cette possession, il convient de procéder à l'égard des produits étrangers par voie de tarifs généraux plutôt que par voie de traités internationaux. Les tarifs laissent à la nation son entière liberté d'action, et il lui est toujours loisible de les modifier selon les circonstances, sans avoir à s'enquérir du consentement des autres nations, tandis que, par des traités souvent concédés en vue de s'assurer au prix de sacrifices une alliance plus ou moins avantageuse, la nation subordonne ses convenances à celles d'une autre nation pendant un temps plus ou moins long.

4° Le but qu'on devra se proposer dans l'établissement des tarifs généraux, c'est la nécessité d'assurer au travail national, sous toutes ses formes, un prix rémunérateur.

5° Il existe entre les diverses industries nationales une solidarité absolue, qui fait que l'une ne peut pas souffrir sans entraîner la souffrance de l'autre.

6° La consommation et la production sont dans des conditions identiques à l'égard l'une de l'autre. Pour consommer, il faut avoir, et l'on n'a que ce qui est produit. D'une manière presque absolue, on peut dire que tout producteur est consommateur, *et vice versâ*. C'est donc par une erreur palpable que dans le débat engagé on veut séparer les intérêts du consommateur de ceux du producteur ; c'est comme si l'on voulait sacrifier une industrie à une autre, ou dire au consommateur : vous consommerez à bon marché, mais vous ne produirez pas.

7° Toutefois, si des considérations d'un ordre particulier amenaient le Gouvernement à contracter avec des Etats voisins sur le terrain économique, il faudrait que ce fût sur la base de la réciprocité et toujours à courte échéance.

8° L'auxiliaire indispensable à toute industrie dont on veut seconder ou assurer la prospérité, c'est l'institution du crédit, c'est-à-dire une institution en mesure de faciliter le travail, soit en avançant des fonds à l'industrie quand elle en manque, soit en recevant les siens quand elle en a de disponibles.

Considérations particulières à l'industrie agricole.

A ces considérations générales, d'un intérêt commun à toutes les industries, la commission en a ajouté un certain nombre d'autres qui s'appliquent particulièrement à l'agriculture.

1° L'agriculture française occupe plus de la moitié de la population, et celle des blés en particulier au-delà des deux cinquièmes de la superficie du sol.

2° Sous l'influence de la loi, le sol cultivé prend de plus en plus la forme parcellaire, échappe à la spéculation et par conséquent au crédit, pour devenir un simple instrument de travail entre les mains du propriétaire.

3° Sous cette forme parcellaire, il ne se prête au travail mécanique que très-imparfaitement et dans l'hypothèse du cantonnement des cultures, ou de l'entente des cultivateurs, ou enfin du caractère communal (banal) de la machine. Or il est certain que l'esprit et les mœurs des cultivateurs français sont encore fort éloignés de la réalisation de ces hypothèses. Le travail manuel peut être intense sur la parcelle, mais à la condition d'être la tâche du propriétaire. Le travail à bon marché, demandé à un tiers, y est impossible.

4° L'expansion énorme et relativement récente des métaux précieux a, il est vrai, exercé sur les tarifs des produits agricoles une certaine influence, mais qui n'est pas en proportion de l'élévation des salaires, provoquée non-seulement par l'accroissement des masses monétaires versées dans la circulation, mais encore par les grandes entreprises industrielles, pressées de terminer leur installation dans un temps limité, et ayant devant elles un avenir de fortune. La main-d'œuvre et les tarifs de la campagne n'ayant pas cheminé du même pas, le cultivateur est nécessairement dans l'impossibilité de couvrir les salaires avec ses produits et de conserver une part de rémunération conforme à ce que réclame la peine qu'il prend et les éventualités auxquelles son travail est exposé. De là vient que, dans la Haute-Saône notamment, les fermiers solvables deviennent de plus en plus rares, les baux à ferme de plus en plus faibles, et les corps de bien de plus en plus difficiles à conserver.

5° La richesse agricole, la prospérité de l'agriculteur sont les étais les plus puissants de l'ordre social et de l'indépendance nationale : c'est en elles et par elles que la grande industrie a ses meilleures garanties de prospérité, parce qu'elle y trouve le nombre le plus grand de consommateurs ; c'est en elles et par elles que se soutient la partie de la population non-seulement la plus nombreuse, mais encore la plus saine, la plus robuste et la plus féconde.

6° La terre, comme instrument de travail et de production, n'a ni l'élasticité ni la promptitude des instruments des autres industries ; elle se prête beaucoup moins qu'eux aux aspirations de l'intelligence, beaucoup moins aussi à celles de la volonté. Elle offre des conditions aléatoires qu'on ne peut que très-imparfaitement écarter et très-modestement ramener à une moyenne de risques, à peine calculables pour une longue période ; bref, elle est beaucoup moins que l'industrie proprement dite une matière à calculs et à gros bénéfices.

7° Les produits de l'agriculture composant le groupe des produits alimentaires par excellence, contribuent puissamment à assurer l'indépendance de la nation. Il est donc très-important de lui en garantir la possession et de ne subordonner ses intérêts qu'à ceux de la nation tout entière, dans les circonstances où ces intérêts exigent le recours aux produits agricoles de l'étranger.

8° L'industrie agricole possède peu de capitaux monétaires et peu de crédit ; au contraire des autres industries, quand elle est forcée de recourir à l'emprunt, ce n'est qu'à des conditions très-rigoureuses et onéreuses, qui peuvent facilement entraîner sa ruine, et une ruine irrémédiable : un cultivateur ne se relève que bien difficilement d'une saisie et d'une expropriation.

9° Les grandes institutions générales de crédit ne prêtent pas à l'agriculture, et l'institution spéciale créée pour elle lui a fait défaut. Il y a donc à chercher ailleurs le crédit qui lui manque et dont elle a besoin.

10° Ce dont il importe avant tout de se pénétrer dans l'étude des tarifs douaniers, quand il s'agit de l'agriculture et des industries qui en dépendent, c'est de la distance infranchissable qui sépare la culture parcellaire, la plus répandue en France, des cultures des vastes domaines, comme ceux qu'on trouve en grande majorité aux Etats-Unis, en Russie, en Australie, en Angleterre, et en grand nombre encore en Espagne, en Autriche-Hongrie et même en Allemagne. On ne peut pas attendre de la première les transformations ou les facilités que permettent l'emploi d'un puissant outillage mécanique et l'élevage du bétail sur une vaste échelle.

11° Il faut également tenir grand compte de la différence des climats, qui permettent aux uns de se livrer à des cultures absolument interdites aux autres.

12° Il en est de même du chiffre de l'impôt qui grève directement ou indirectement les contribuables agriculteurs, et dont on ne trouverait pas d'exemple chez les nations voisines.

13° La vigne française, l'une des grandes ressources de l'agriculture nationale, traverse une période pleine de périls, dans laquelle elle a déjà perdu le cinquième de son étendue, et qu'elle ne pourra franchir qu'à force d'énergie et de sacrifices, et si le Gouvernement la soutient en ne livrant pas les produits des viticulteurs à une concurrence ruineuse et décourageante.

14° Dans ce but, il est encore à désirer qu'on affranchisse de tout impôt le sucre et l'alcool employés par le producteur et le commerçant à l'opération de la vinification destinée à donner au vin plus de corps et à le rendre plus résistant aux inconvénients du transport.

CONCLUSIONS.

Par toutes ces considérations, la commission a l'honneur de proposer à l'approbation de la Société les conclusions suivantes :

1° Il est absolument nécessaire de protéger par des tarifs douaniers, placés sous l'autorité de la loi et ne dépendant que de la volonté du législateur, les divers produits de l'agriculture française, et dans ce but, de proposer au Gouvernement l'adoption du tarif déjà présenté par la réunion générale des Sociétés d'agriculture de la Seine-Inférieure, dans sa séance du 13 février 1879, que la commission a copié textuellement, parce qu'il a été discuté et établi par des hommes d'une incontestable autorité et en possession des données statistiques qui, seules, peuvent permettre de préciser des conclusions.

Projet de tarif agricole à admettre dans le tarif général des douanes présenté par M. le Ministre de l'agriculture.

Chevaux....................	(à l'unité)...	30ᶠ	»
Poulains	—	18	»
Mules et mulets.............	—	5	»
Bœufs et taureaux...........	—	30	»
Vaches.....................	—	20	»
Bouvillons, taurillons, génisses..	—	15	»
Veaux	—	2	»
Moutons....................	—	5	»
Porcs......................	—	10	»
Agneaux, porcs de lait	—	1	»
Gibier, volailles	(les 100 kilog.).	20	»
Viandes fraîches.............	—	15	»
Viandes salées..............	—	30	»
Extraits de viandes...........	—	15	»
Cuirs grands (bœufs, vaches)....	—	8	»
Cuirs petits (veaux)...........	—	9	»
Laines lavées...............	—	35	»
Laines en suint..............	—	15	»
Graisses, suifs, saindoux........	—	10	»
Fromages, pâte molle	—	5	»
Fromages, pâte dure	—	10	»
Œufs de volaille et de gibier....	—	15	»
Beurre frais fondu	—	30	»
Beurre salé.................	—	30	»
Miel et cire brute............	—	10	»
Froment, épeautre, méteil, en grains	—	3	»
Froment en farine............	—	5	»
Seigle, maïs, sarrasin, avoine, orge, en grains.............	—	2	»

Seigle, maïs, sarrasin, avoine,
orge, en farine.............. (les 100 kilog.).   3ᶠ »
Pommes de terre..............   —   (Exemptées.)
Lins et chanvres bruts (en branches)   —   1 50
Lins et chanvre teillés, peignés ou
en étoupes.................   —   10 »
Fruits et graines oléagineuses ...   —   4 »
Huile. ....   —   10 »
Alcool....................... (l'hectolitre.).   26 »

Outre ces divers produits, la commission a cru devoir proposer les articles ci-après :

Fécules .... (les 100 kilog.).   10 »
Vins....................... (l'hectolitre)..   12 50
Raisins secs................ (les 100 kilog.).   20 »
Autres fruits secs, légumes secs..   —   5 »

2° Ce projet de tarif reste subordonné dans toutes ses parties au principe de la réciprocité et à celui plus impérieux encore qui doit assurer aux produits du cultivateur français une protection efficace.

3° Le droit à percevoir sur les blés devra être suspendu et l'entrée des blés étrangers devenir libre dès que le prix du blé, sur nos marchés, aura atteint le chiffre de 30 fr. les 100 kilogrammes.

4° Les chiffres du tarif protecteur, calculés sur les prix de revient comparés des produits similaires indigènes et étrangers, devront être augmentés, pour maintenir le principe, du montant de la prime de sortie à l'égard des produits étrangers qui la reçoivent.

5° Les ressources provenant des droits de douane seront consacrées en première ligne à l'amortissement de la dette publique, et les économies produites par l'amortissement converties en allégement des impôts excessifs qui pèsent sur certains articles de la consommation, tels que le sucre, le vin, les alcools, etc.

6° Le crédit agricole, si l'on veut sérieusement essayer de l'établir en France — et cela est fort à désirer — ne doit pas être confié à une institution unique, chargée d'en répandre les bienfaits et d'étendre son action du centre à la circonférence, mais il doit être demandé à la mutualité, à l'instar de ce qui se produit dans certaines localités pour les assurances et pour l'assistance professionnelle en cas de maladie et de chômage.

La mutualité du crédit est pratiquée en Allemagne depuis que Schultz-Delitsch en a pris l'initiative dans la plupart des localités grandes et petites ; elle dispose déjà de plusieurs centaines de millions. Le mécanisme en est des plus simples, et chaque année un rapport d'ensemble en publie les opérations et les résultats.

Le crédit mutuel en France pourrait être organisé sur les principes suivants :

a) Une faible prestation annuelle des parties qui voudraient jouir du bénéfice de la caisse ;

b) Un fonds commun formé de cette prestation, de versements communaux et départementaux et de l'Etat, et de versements particuliers, sous forme de libéralités pures et simples, ou de prêts à intérêt;

c) Une garantie de minimum d'intérêt donnée par le département pour toutes les sommes fournies à chaque caisse à titre de prêt ;

d) La caution du capital par la commune ou les communes auxquelles s'étendrait l'association.

Une pareille institution, essentiellement de prévoyance et de philanthropie, rendrait des services et ne tournerait jamais à la spéculation. L'épargne pourrait lui confier des fonds aussi bien qu'à la caisse de ce nom.

Il est constant d'ailleurs que la mutualité dans les institutions libres de prévoyance est le témoignage d'un grand sens moral et social chez la nation qui la met en pratique, et qu'il n'y a qu'avantage à essayer de la développer en France.

7º La faculté, comme elle existe ailleurs et notamment en Allemagne, de transférer à des tiers les créances hypothécaires par voie d'endossement.

Messieurs,

J'ai terminé ma tâche ; à vous d'en prendre ou d'en laisser dans la mesure de ce que vous jugerez utile à la prospérité de l'agriculture, inséparable de la prospérité publique.

Le Président, rapporteur,

REBOUL DE NEYROL.

———

La Société d'agriculture, réunie en séance extraordinaire le 13 mars 1879, après une discussion prolongée de chacun des considérants et des conclusions présentés par la commission spéciale des tarifs, les a approuvés.

(Extrait du procès-verbal de la séance.)